BEI GRIN MACHT SICH IHR WISSEN BEZAHLT

- Wir veröffentlichen Ihre Hausarbeit,
  Bachelor- und Masterarbeit

- Ihr eigenes eBook und Buch -
  weltweit in allen wichtigen Shops

- Verdienen Sie an jedem Verkauf

Jetzt bei www.GRIN.com hochladen
und kostenlos publizieren

Ernst Probst

Menschenaffen am Ur-Rhein

Paidopithex, Rhenopithecus und Dryopithecus

GRIN Verlag

Bibliografische Information der Deutschen Nationalbibliothek:

Die Deutsche Bibliothek verzeichnet diese Publikation in der Deutschen National-
bibliografie; detaillierte bibliografische Daten sind im Internet über http://dnb.d-
nb.de/ abrufbar.

Dieses Werk sowie alle darin enthaltenen einzelnen Beiträge und Abbildungen
sind urheberrechtlich geschützt. Jede Verwertung, die nicht ausdrücklich vom
Urheberrechtsschutz zugelassen ist, bedarf der vorherigen Zustimmung des Verla-
ges. Das gilt insbesondere für Vervielfältigungen, Bearbeitungen, Übersetzungen,
Mikroverfilmungen, Auswertungen durch Datenbanken und für die Einspeicherung
und Verarbeitung in elektronische Systeme. Alle Rechte, auch die des auszugsweisen
Nachdrucks, der fotomechanischen Wiedergabe (einschließlich Mikrokopie) sowie
der Auswertung durch Datenbanken oder ähnliche Einrichtungen, vorbehalten.

Impressum:

Copyright © 2010 GRIN Verlag GmbH
Druck und Bindung: Books on Demand GmbH, Norderstedt Germany
ISBN: 978-3-640-74433-6

Dieses Buch bei GRIN:

http://www.grin.com/de/e-book/161322/menschenaffen-am-ur-rhein

GRIN - Your knowledge has value

Der GRIN Verlag publiziert seit 1998 wissenschaftliche Arbeiten von Studenten, Hochschullehrern und anderen Akademikern als eBook und gedrucktes Buch. Die Verlagswebsite www.grin.com ist die ideale Plattform zur Veröffentlichung von Hausarbeiten, Abschlussarbeiten, wissenschaftlichen Aufsätzen, Dissertationen und Fachbüchern.

Besuchen Sie uns im Internet:

http://www.grin.com/

http://www.facebook.com/grincom

http://www.twitter.com/grin_com

Ernst Probst

Menschenaffen am Ur-Rhein

*Paidopithex,
Rhenopithecus und
Dryopithecus*

Gewidmet

Dr. Jens Lorenz Franzen,
ehemaliger Leiter der Abteilung Paläoanthropologie
und Quartärpaläontologie
am Forschungsinstitut Senckenberg
in Frankfurt am Main,
Wiederentdecker der
verschollenen Fossilfundstelle bei Eppelsheim
und Begründer
der ersten wissenschaftlichen Grabungen dort
sowie wissenschaftlicher Berater
beim Aufbau
des Dinotherium-Museums in Eppelsheim

Heiner Roos,
Altbürgermeister von Eppelsheim,
dessen Idee und Initiative
das Dinotherum-Museum
in Eppelsheim zu verdanken ist

Ute Klenk-Kaufmann,
Bürgermeisterin von Eppelsheim

INHALT

DANK

Für wertvolle Hilfe
bei der Entstehung dieses Taschenbuches
danke ich:

Mag. Thomas Bence Viola,
Institut für Anthropologie, Universität Wien

Dr. Jens Lorenz Franzen,
ehemaliger Leiter der Abteilung Paläoanthropologie
und Quartärpaläontologie
am Forschungsinstitut Senckenberg
in Frankfurt am Main,
ab 1. 9. 2000 im Ruhestand
und seitdem ehrenamtlicher Mitarbeiter,
Titisee-Neustadt

Ute Klenk-Kaufmann,
Bürgermeisterin, Eppelsheim

Heiner Roos,
Altbürgermeister,
1. Vorsitzender des Fördervereins
Dinotherium-Museum e. V. Eppelsheim

Dr. Oliver Sandrock,
Hessisches Landesmuseum Darmstadt

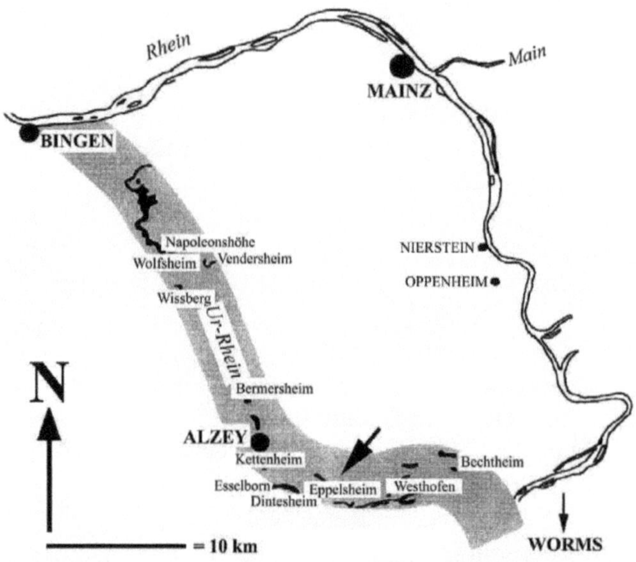

Dinotheriensand-Fundorte und Rekonstruktion des Verlaufes des Ur-Rheins in Rheinhessen. Zeichnung von Christine Hemm-Herkner nach einer Vorlage des Paläontologen Jens Lorenz Franzen (zum Teil nach Heinz Tobien 1980 und Joachim Bartz 1936). Die Ablagerungen des Ur-Rheins werden als Dinotheriensande bezeichnet, weil sie häufig Zähne und Knochen des riesigen Rüsseltieres Deinotherium giganteum enthalten. In der Literatur findet man auch die Schreibweise Dinotherium.

Menschenaffen am Ur-Rhein

An den Ufern des Ur-Rheins im Miozän vor etwa zehn Millionen Jahren lebten mindestens drei Gattungen von Menschenaffen. *Paidopithex, Rhenopithecus* und *Dryopithecus*. Von jenen Tieren hat man in Eppelsheim und am Wissberg bei Gau-Weinheim fossile Knochen und Zähne entdeckt. Über diese aufsehenerregenden Funde informiert das Taschenbuch „Menschenaffen am Ur-Rhein" des Wiesbadener Wissenschaftsautors Ernst Probst. Aus seiner Feder stammen auch die Taschenbücher „Rekorde der Urzeit. Landschaften, Pflanzen und Tiere", „Der Ur-Rhein. Rheinhessen vor zehn Millionen Jahren", „Säbelzahnkatzen. Von Machairodus bis zu Smilodon", „Säbelzahntiger am Ur-Rhein. Machairodus und Paramachairodus" und „Der Rhein-Elefant. Das Schreckenstier von Eppelsheim". Gewidmet ist das Taschenbuch dem Paläontologen Dr. Jens Lorenz Franzen in Titisee-Neustadt, Altbürgermeister Heiner Roos in Eppelsheim und der Bürgermeisterin Ute Klenk-Kaufmann in Eppelsheim, die sich – jeder auf seine Weise – um die Erforschung der Tierwelt am Ur-Rhein und um den Aufbau des „Dinotherium-Museums" in Eppelsheim verdient gemacht haben.

Ernst Schleiermacher (1755–1844)

Umstrittene Menschenaffen
in Rheinhessen

Zwei Fundstellen mit rund zehn Millionen Jahre alten
Ablagerungen des Ur-Rheins in Rheinhessen sind mit viel
diskutierten Menschenaffen-Funden in die Annalen der
Anthropologie (Lehre vom Menschen) eingegangen. Eine
dieser beiden Fundstellen ist Eppelsheim im Kreis Alzey-
Worms. Bei der anderen Lokalität handelt es sich um den
Wissberg bei Gau-Weinheim im Kreis Mainz-Bingen.
1820 kam in den Dinotheriensanden bei Eppelsheim ein etwa
28 Zentimeter langer Knochen ans Tageslicht, der zweifellos
zu den wissenschaftlich wertvollsten Funden von dort ge-
hört. Denn bei diesem so genannten „Eppelsheimer Femur"
(Oberschenkelknochen) handelt es sich um den weltweit
historisch ersten Fund eines Menschenaffen. Die sensatio-
nelle Entdeckung glückte in Deutschland und nicht etwa in
Afrika oder Asien.
Ernst Schleiermacher (1755–1844), der Direktor des „Groß-
herzoglichen Naturalien-Cabinets" in Darmstadt und Chef
des Paläontologen Johann Jakob Kaup (1803–1873), hat die
wahre Natur dieses Fundes nicht erkannt. Er deutete das
Fossil als Oberschenkelknochen eines zwölfjährigen Mäd-
chens. Kurz nach der Entdeckung schickte er Georges Cuvier
(1769–1832), der als Begründer der Wirbeltierpaläontologie
gilt, einen Gipsabguss mit Zeichnung und der Bitte um Be-
gutachtung zu.
Der Pariser Gelehrte Cuvier gab Schleiermacher aber keine
Antwort. Er und viele seiner Kollegen glaubten nicht an die
Evolution. Cuvier vertrat die irrige Auffassung, alle Orga-
nismen seien in ihrem Bau so fein abgestimmt, dass jede
Veränderung, die über normale Variabilität hinausgegangen

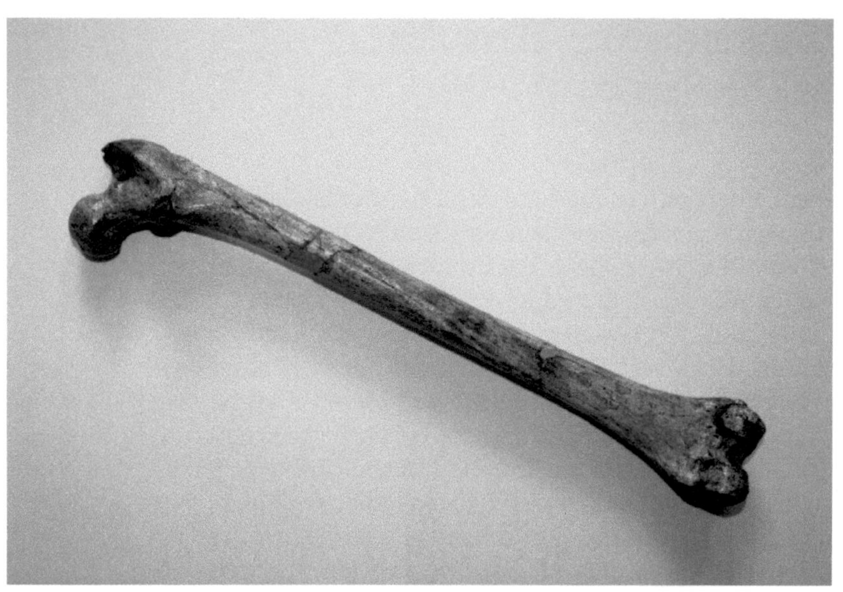

Etwa 28 Zentimeter langer Oberschenkelknochen des gibbonähnlichen Menschenaffen Paidopithex rhenanus vom Gewann „Jörgenbauer" bei Eppelsheim in Rheinhessen. Original im Hessischen Landesmuseum Darmstadt. Im Dinotherium-Museum Eppelsheim wird eine originalgetreue Kopie aufbewahrt.

Kleiner Menschenaffe
Paidopithex rhenanus

Johann Jakob Kaup (1803–1873)

Georges Cuvier (1769–1832)

Édouard Lartet (1801–1871)

Richard Owen (1804–1892)

Eugène Dubois (1858–1940)

Max Schlosser (1854–1933)

wäre, zu ihrem Tod geführt hätte. Die Lebewelt sei nach Katastrophen jeweils wieder von außen eingewandert. „Der Eppelsheimer Fund drohte somit das Weltbild einer ganzen Biologen-Generation zu erschüttern", schrieb der Paläontologe Jens Lorenz Franzen im Jahre 2000.

Kaup bildete den Oberschenkelknochen aus Eppelsheim erst 1861 in einer Publikation ab. Dabei erwähnte er die Ähnlichkeit des Eppelsheimer Fundes und des Oberarmknochens (Humerus) eines fossilen Menschenaffen aus Saint Gaudens (Departement Haute Garonne) in Frankreich mit dem heutigen Gibbon (*Hylobates*). Der Rechtsanwalt und Prähistoriker Édouard Lartet (1801–1871) aus Paris hatte 1856 die Funde aus Saint Gaudens als *Dryopithecus fontani* erstmals wissenschaftlich beschrieben. Der Gattungsname *Dryopithecus* („Affe aus dem Eichenwald") fußt darauf, dass der Fund zusammen mit Resten von Eichen geborgen wurde (griechisch: drys = Eiche, pithekos = Affe). Mit dem Artnamen *Dryopithecus fontani* ehrte er den Entdecker, der Fontan hieß.

Bei seinem Vergleich des Eppelsheimer Oberschenkelknochens mit dem Gibbon wurde Kaup von dem Londoner Paläontologen Richard Owen (1804–1892) unterstützt. Owen ordnete den Eppelsheimer Fund der Art *Hylobates fontani* zu. Der Bonner Paläontologe Hans Pohlig (1855–1937) prägte 1895 im „Bulletin de la Societé Belge de Géologie" den Namen *Paidopithex rhenanus* (griechisch: pais, paidos = Kind, pithekos = Affe). In derselben Publikation verglich der niederländische Anatom Eugène Dubois (1858–1940) den Fund aus Eppelsheim mit seinem 1892 auf Java (Indonesien) entdeckten Oberschenkelknochen von *Pithecanthropus* („Affenmensch"). Dubois verwies ebenfalls auf die große Ähnlichkeit mit dem heutigen Gibbon und schlug den Artnamen *Pliohylobates eppelsheimensis* vor.

1901 beschrieb der Münchner Paläontologe Max Schlosser (1854–1933) den Oberschenkelknochen aus Eppelsheim und die in süddeutschen Bohnerzen geborgenen Backenzähne als *Dryopithecus rhenanus*. Heute wird der Eppelsheimer Oberschenkelknochen von einem Teil der Experten als Angehöriger der gibbonähnlichen Pliopitheciden betrachtet – als so genannter niederer Menschenaffe oder als Altweltaffe. Er trägt den von Pohlig geprägten Artnamen *Paidopithex rhenanus*.

Worum es sich bei dem Oberschenkelknochen aus Eppelsheim tatsächlich handelt, ist aber immer noch umstritten. Denn man kennt nur sehr wenige Funde, mit denen er verglichen werden kann. Genau genommen gibt es nur zwei Möglichkeiten:

1. Der Eppelsheimer Oberschenkelknochen könnte von einem relativ nahen Verwandten des Menschen und der Großen Menschenaffen namens *Dryopithecus* stammen.

2. Der Eppelsheimer Oberschenkelknochen könnte von einem viel weniger mit Menschen und Großen Menschenaffen verwandten großwüchsigen *Pliopithecus* stammen. Dessen Gruppe hat sich bereits vor etwa 30 Millionen Jahren von der Gruppe der Altweltaffen abgespaltet. Der Name *Pliopithecus* fußt darauf, dass man früher annahm, dieser Affe stamme aus dem Pliozän (etwa 5 bis 2 Millionen Jahre).

Viele Experten gingen früher davon aus, dass der Eppelsheimer Oberschenkelknochen eher einem *Dryopithecus* ähnelt. Doch der Vergleich wurde dadurch erschwert, dass lange Zeit kein Oberschenkelknochen von *Dryopithecus* vorlag. Erst seit Anfang der 1990-er Jahre kennt man ein Skelett von *Dryopithecus* aus Can Llobateres in Spanien, dessen Oberschenkelknochen ganz anders beschaffen ist als derjenige aus Eppelsheim. Aus diesem Grund gilt als plausible Hypothese, dass es sich bei dem Fund aus Ep-

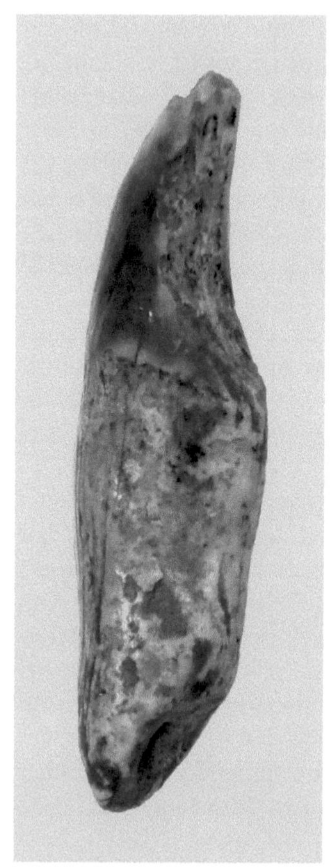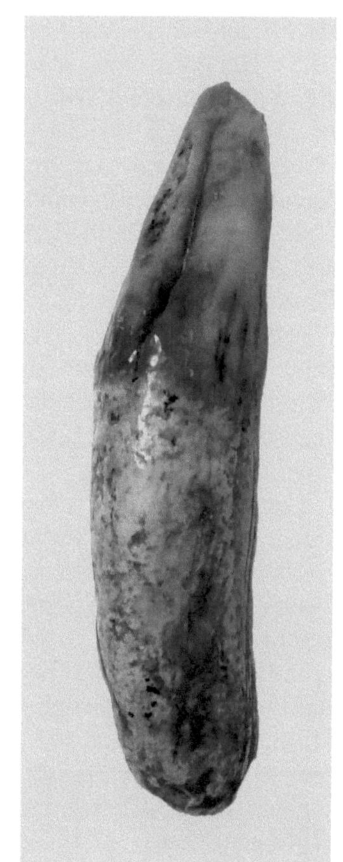

*Unterschiedliche Ansichten des oberen linken Eckzahns
des Menschenaffen Rhenopithecus eppelsheimensis
aus den Dinotheriensanden bei Eppelsheim.
Original im Hessischen Landesmuseum Darmstadt*

pelsheim um einen Pliopitheciden – vermutlich der Gattung *Anapithecus* aus Rudabanya in Ungarn – handelt. Dagegen spricht auch die Körpergröße nicht.

Gegen diese Hypothese wandten sich 2002 die Experten Meike Köhler, David M. Alba und Salvador Moyà Solà aus Sabadell (Spanien) sowie die Anthropologin Laura MacLatchy aus Boston (USA). Sie argumentierten, aus Rudabanya seien zwei Oberschenkelknochen bekannt, die beide *Paidopithex rhenanus* nicht ähnlich seien.

Auch die Ausführungen von Meike Köhler und Kollegen finden in der Fachwelt jedoch nicht nur Zustimmung. So weist der kanadische Anthropologe David Begun aus Toronto, der Ausgräber in Rudabanya, darauf hin, dass die beiden Oberschenkelknochen aus Ungarn nicht von *Anapithecus*, sondern von *Dryopithecus brancoi* stammen.

Reste von *Anapithecus* kamen an einigen Fundstellen zum Vorschein, doch am meisten weiß man über diese Gattung durch die Funde aus Rudabanya. Dort wurden auch einige Skelettreste von *Anapithecus* geborgen, die auf ein Gewicht von etwa 20 bis 25 Kilogramm hindeuten. Die Finger von *Anapithecus* sind lang und gekrümmt, was für eine baumbewohnende Lebensweise spricht. David Begun vermutet, es könne sich um Hangler, vergleichbar mit heutigen Gibbons, gehandelt haben. Hauptnahrung von *Anapithecus* könnten sowohl Blätter als auch weiche Früchte gewesen sein.

Ein anderer Menschenaffe aus Rheinhessen ist der etwa schimpansengroße *Rhenopithecus eppelsheimensis*. Er wurde 1935 von dem Darmstädter Paläontologen Oskar Haupt (1878–1939) erstmals wissenschaftlich beschrieben und benannt. Ihm hatte ein 2,7 Zentimeter langer oberer linker Eckzahn eines männlichen Tieres aus den Dinotheriensanden bei Eppelsheim vorgelegen. Haupt

Oskar Haupt (1878–1939)

Gustav Heinrich Ralph von Koenigswald (1902–1982)

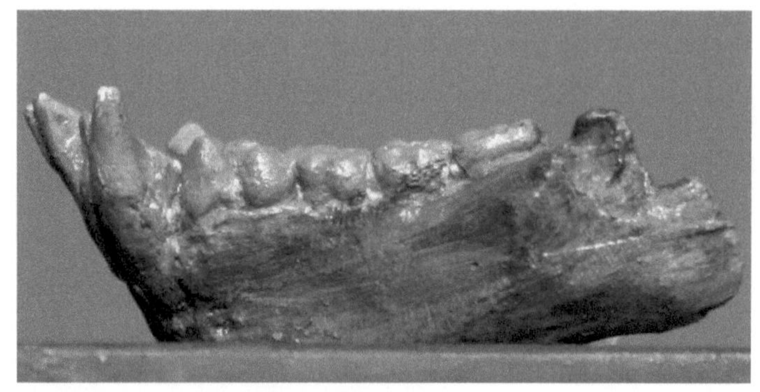

1837 entdecktes Unterkieferfragment
von Pliopithecus antiquus aus Sansan (Frankreich)
im „Museum national d'histoire naturelle", Paris

Weißhandgibbon im Tierpark Berlin

schlug damals den Artnamen *Semnopithecus eppelsheimenis* vor. Der Gattungsname *Semnopithecus* erinnert daran, dass Affen den Hindus heilig sind (griechisch: semnos = verehrungswürdig, heilig, pithekos = Affe).

1954 bezeichnete der Basler Paläontologe Johannes Hürzeler (1908–1995) diesen Eppelsheimer Menschenaffen-Eckzahn als *Pliopithecus eppelsheimensis*. Damit bezog er sich auf ähnliche Funde, die unter dem Gattungsnamen *Pliopithecus* („Affe aus dem Pliozän") bereits 1849 von dem französischen Säugetierpaläontologen Paul Gervais (1816–1878) von der südfranzösischen Lokalität Sansan erstmals wissenschaftlich beschrieben worden waren. Der in Europa und Asien vorkommende *Pliopithecus* wurde – laut Online-Lexikon „Wikipedia" – nur etwa 20 bis 40 Zentimeter groß. Sein Aussehen erinnerte angeblich an einen modernen Gibbon, obwohl seine Arme nicht so extrem lang waren wie bei den modernen Angehörigen dieser Gattung.

Der Paläontologe Gustav Heinrich Ralph von Koenigswald (1902–1982) trennte 1956 den erwähnten Menschenaffen-Eckzahn aus Eppelsheim sowie einen Backenzahn vom Wissberg bei Gau-Weinheim unter dem neuen Gattungsnamen *Rhenopithecus* von *Pliopithecus* ab. Koenigswald hatte damals neben dem Eckzahn aus Eppelsheim auch zwei Backenzähne vom Wissberg aus der Primatensammlung des Münchner Arztes Erhard Otto Schoch untersucht. Der zweite Backenzahn vom Wissberg war schlecht bestimmbar. Wenn *Rhenopithecus* tatsächlich so groß war wie heutige Schimpansen, erreichte er eine Kopfrumpflänge bis zu 95 Zentimeter. Erwachsene Männchen könnten bis zu 70 Kilogramm gewogen haben.

Ein weiterer Menschenaffen-Fund glückte im Jahre 2000 bei einer Grabung des Frankfurter Forschungsinstituts Senckenberg im Gewann „Auf dem Alzeyer Weg" bei Eppelsheim. Dabei handelt es sich um das etwa 1,5

Großer Menschenaffe Dryopithecus

Jens Lorenz Franzen

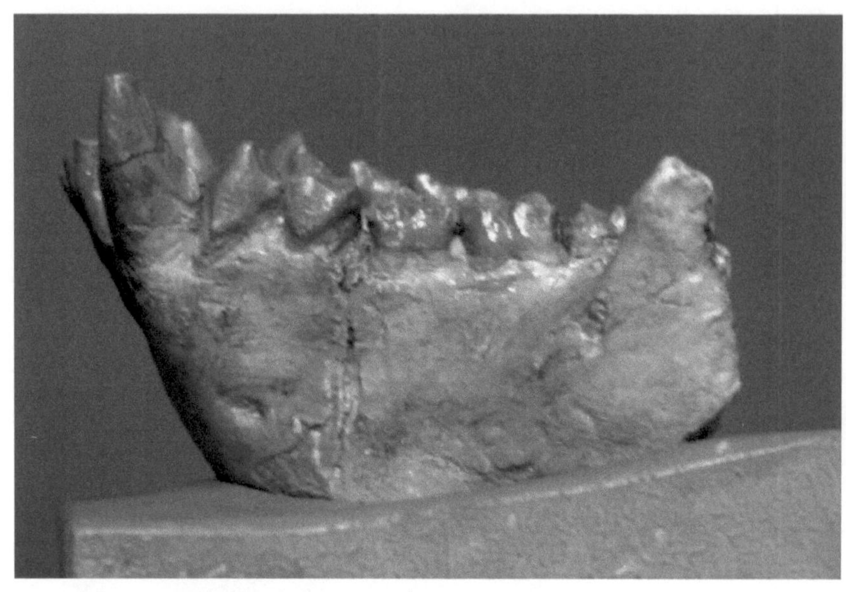

*Unterkiefer von Dryopithecus fontani
aus Saint-Gaudens (Frankreich
im „Museum national d'histoire naturelle", Paris*

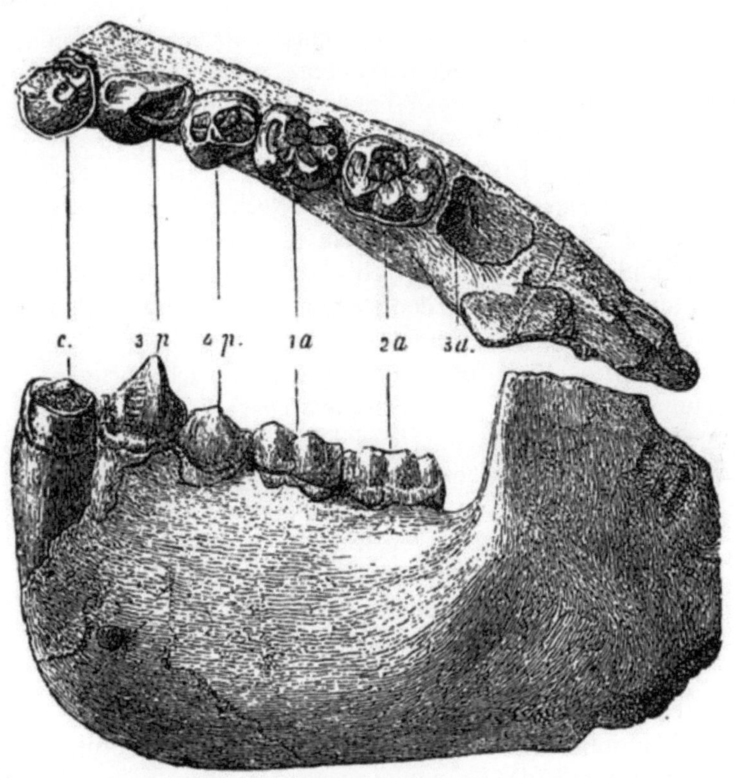

*Unterkiefer von Dryopithecus fontani
aus Saint-Gaudens (Frankreich)*

Zentimeter lange Bruchstück eines Fingerknochens, das nach Ansicht des Paläontologen Jens Lorenz Franzen sowie seiner Ko-Autoren Ottmar Kullmer (Frankfurt am Main) und Jeremy Tausch (New York) von einem Dryopithecinen (*Dryopithecus sp.*) stammt. Eine detaillierte Beschreibung des Fingerknochens war zum Zeitpunkt der Recherchen für dieses Taschenbuch zum Druck eingereicht.

Laut Online-Lexikon „Wikipedia" ist die Einordnung der Gattung *Dryopithecus* in den Stammbaum der Altweltaffen umstritten. Diskutiert werden zwei Varianten:

1. *Dryopithecus* ist eine Gattung der Menschenartigen (Hominoidea) und Teil der Familie Menschenaffen.

2. *Drypithecus* bildet eine eigene Familie (Dryopithecidae) und stellt einen Seitenzweig zur Entwicklung der Menschenaffen dar.

Nach den Funden zu schließen, lebte *Dryopithecus* in Afrika, Europa und Asien. Meike Köhler und Salvador Moyá Solá schrieben 1994 in „Spektrum der Wissenschaft": „In den letzten Jahren jedoch ist die Mehrheit der Fachleute dahin übereingekommen, daß die Vertreter von *Dryopithecus* in Europa vom Mittel- bis ins Obermiozän lebten, also vor 14 bis 8 Jahrmillionen, und sich von anderen miozänen Formen wie *Proconsul* oder *Kenyapithecus*, die in Afrika heimisch waren, unterscheiden".

Bisher hat man meistens einzelne Zähne, Unterkiefer- und andere Knochenfragmente gefunden. Ein vollständig erhaltenes Skelett wurde noch nicht entdeckt. „Wikipedia" erwähnt neun Arten von *Dryopithecus: Dryopithecus africanus, Dryopithecus brancoi, Dryopithecus crusafonti, Dryopithecus fontani, Dryopithecus indicus, Dryopithecus laietanus, Dryopithecus major, Dryopithecus nyanzae und Dryopithecus wuduensis*. Viele Fossilien, die zunächst der Gattung *Dryopithecus* zugeordnet wurden, erhielten später andere Namen.

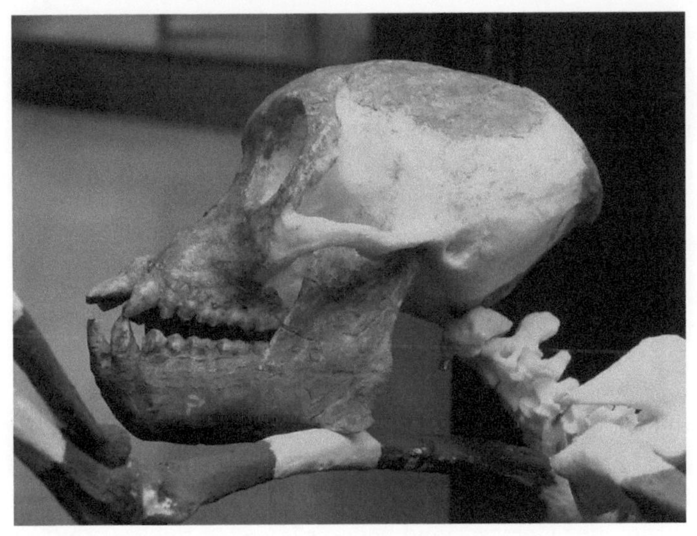

Schädel von Proconsul
im „Museum für Anthropologie, Unversität Zürich

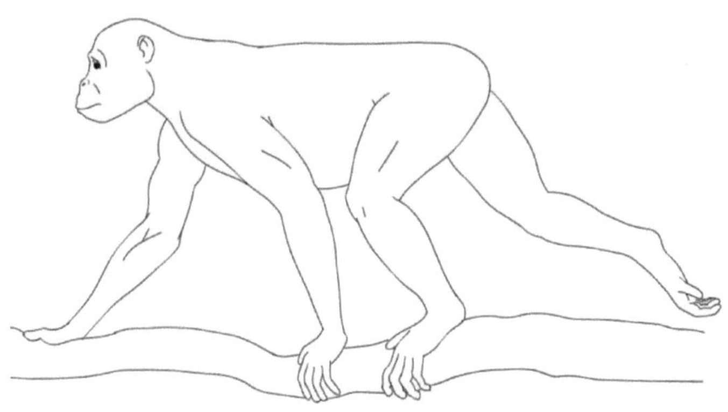

Lebensbild von Proconsul.
Zeichnung von Mateus Zica

Die Gesichtsknochen von *Dryopithecus* und vor allem seine hinteren Backenzähne besitzen Merkmale, die man auch bei heutigen Menschenaffen findet. Bei anderen miozänen Affen kennt man diese Merkmale nur bei der Gattung *Ouranopithecus* aus dem späten Miozän.

Die unteren Backenzähne von Dryopithecinen weisen ein typisches Furchenmuster auf. Auf ihren Kauflächen sind zwischen fünf Höckern Rillen in Form eines „Y" ausgebildet, Dieses so genannte *Dryopithecus*-Muster oder Drypithecinen-Muster erscheint nur bei Vertretern der Überfamilie Hominoidea, die Menschenaffen und Menschen (auch Hominidae oder Hominiden genannt) zusammenfasst, also auch bei heutigen Menschen.

Je nach Größe der Art wird das Lebendgewicht von *Dryopithecus* zwischen 18 und 45 Kilogramm geschätzt. Wegen des Gebisses und anderer Knochenfunde vermutet man, *Dryopithecus* sei ein Waldbewohner gewesen. Er soll überwiegend auf Bäumen gelebt haben, selten auf den Boden herab gekommen sein und wahrscheinlich vor allem Früchte, Blätter und andere Pflanzennahrung verzehrt haben. Über *Dryopithecus laietanus* aus Kataloien (Spanien) heißt es, er habe sich hangelnd unterhalb von Ästen fortbewegt.

„Wikipedia" zufolge weisen die Oberarmknochen und einige andere Knochen des Skeletts von *Dryopithecus* unterhalb des Kopfes Merkmale auf, die jenen der heutigen Gorillas ähneln. Dies hat dazu beigetragen, diese Gattung in die unmittelbare Nähe der Vorfahren der Menschenaffen zu rücken. Solche Übereinstimmungen können allerdings mehrfach unabhängig voneinander entstanden sein.

Manche Forscher glauben, *Dryopithecus* sei mit der aus Afrika bekannten Gattung *Proconsul* identisch. Fossile Reste von *Proconsul* liegen vor allem aus Kenia (Insel Rusinga im Victoriasee) und Uganda vor. *Proconsul* wurde 1933 von Arthur Tindell Hopwood (1897–1969) erstmals wissen-

Heutiger Berggorilla in Ruanda

Heutiger Schimpanse im Zoo Leipzig

schaftlich beschrieben. Bei der Namenwahl bezog er sich offenbar auf den Schimpansen „Consul", der in den 1930-er Jahren im Londoner Zoo lebte.

Bisher sind vier unterschiedlich große Arten bekannt: *Proconsul africanus, Proconsul heseloni, Proconsul nyanzae* und *Proconsul major.* Das Lebendgewicht von *Proconsul africanus* wird auf 20 Kilogramm geschätzt. Bei *Proconsul heseloni* ist die Abgrenzung von *Proconsul africanus* umstritten. *Proconsul major* wog schätzungsweise 50 Kilogramm. *Proconsul nyanzae* erreichte ein Lebendgewicht zwischen demjenigen von *Proconsul africanus* und *Proconsul major*.

Die systematische Stellung von *Proconsul* im Stammbaum der Menschenartigen ist umstritten. Zunächst betrachtete man diese Gattung als Vorfahren der heutigen Schimpansen und Gorillas, deswegen der Bezug auf den Londoner Schimpansen „Consul" bei der Namenswahl. Andere Wissenschaftler betrachteten *Proconsul* als gemeinsamen Vorfahren („Missing Link") der Menschen sowie der Schimpansen und Gorillas. Zudem war die Abgrenzung einiger Funde von *Dryopithecus* zeitweise umstritten. Heute betrachtet man *Proconsul* meistens als Schwestergruppe der Menschenaffen-Vorfahren.

In älteren Faunenlisten über die bei Eppelsheim entdeckten Säugetierarten ist mitunter der Affe *Mesopithecus pentelici* erwähnt. Diese Art wurde 1839 von dem Münchner Paläontologen Andreas Wagner (1797–1861) nach Kieferresten aus Pikermi in Griechenland beschrieben. Doch *Mesopithecus* ist bei Eppelsheim nie gefunden worden. Das wäre auch überraschend gewesen, weil die Eppelsheimer Flora, in der kleinwüchsige Hirsche, Rüsseltiere (*Deinotherium*), krallenfüßige Huftiere *(Chalicotherium),* Schweine, Bären und dreihufige Ur-Pferde (*Hippotherium primigenium*) lebten, ein typisches Waldbiotop verkörperte. Dort würde

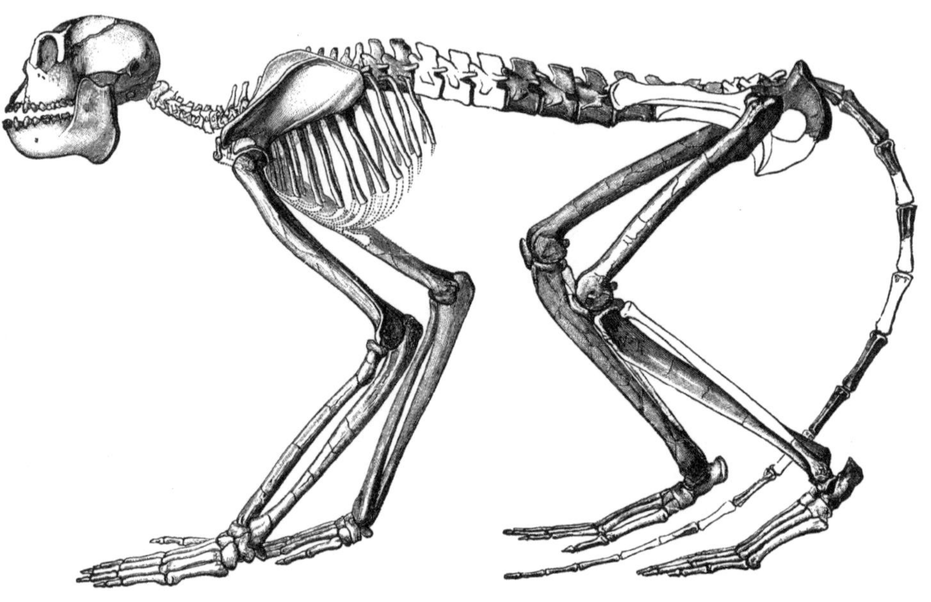

*Skelett des Affen
Mesopithecus pentelici
aus Pikermi in Attika
(Griechenland),
der am Ur-Rhein
nicht nachgewiesen ist*

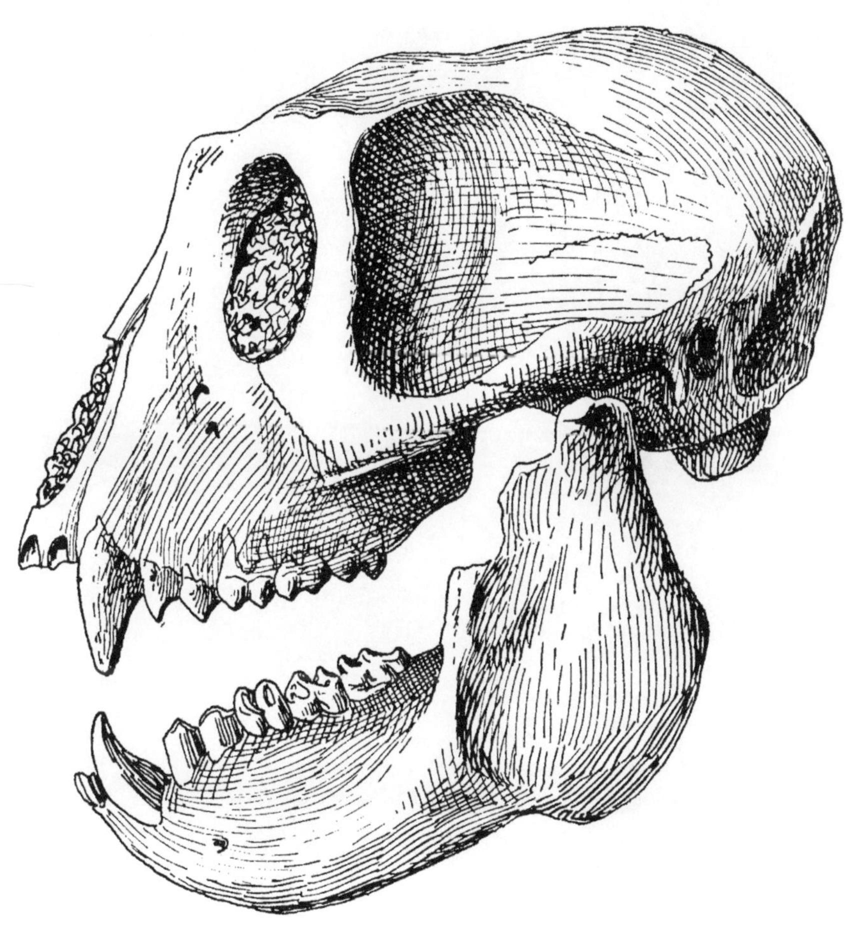

*Schädel des Affen
Mesopithecus pentelici
aus Pikermi in Attika
(Griechenland)*

Heidelberg-Menschen vor rund 600.000 Jahren

der Affe *Mesopithecus* als Bewohner offener Landschaften
etwas deplatziert wirken, meint der Paläontologe Jens Lorenz
Franzen.

In den späten 1930-er Jahren erregte ein Zahnfund vom
Wissberg bei Gau-Weinheim, der über einer Schicht mit
Menschenaffen-Zähnen zum Vorschein kam, großes Auf-
sehen. Der Heidelberger Paläontologe Wilhelm Freudenberg
(1881–1960) glaubte 1938 allen Ernstes, dieser Zahn stamme
von einem Riesenmenschen aus der Tertiärzeit vor etwa zehn
Millionen Jahren. Er nannte ihn *Gigantanthropus* (grie-
chisch: gigas, gigantos = Riese, anthropos = Mensch).
Dieser Zahn war vom Naturhistorischen Museum Mainz
erworben und zur wissenschaftlichen Untersuchung an das
Großherzogliche Museum in Darmstadt weitergegeben
worden, dessen Leiter den Fund Freudenberg zeigte. Bei
Nachforschungen über die Herkunft des Fossils in Gau-
Weinheim legte Freudenberg eine Skizze des Zahns vor, auf
welcher der Jugendliche Heinrich Schertel aus Gau-
Weinheim den Fund sofort wieder erkannte.

Der Zahn mit langer Wurzel und auffällig blauem Schmelz
war auch den Eltern des Jungen aufgefallen. Sie hatten –
vermutlich im Frühjahr 1931 – nach der Arbeit in ihrer
Sandgrube am Wissberg bei Gau-Weinheim ihrem Sohn
zugesehen, wie er spielend Sand auf eine Schaufel nahm,
ihn herabrieseln ließ und dabei den Zahn auflas. Heinrich
Schertel konnte sogar die Fundschicht angeben. Sie befand
sich in etwa viereinhalb Meter Tiefe. Dort war kurz zuvor
ein Zahn des fossilen Bibers *Steneofiber jaegeri* entdeckt
worden.

Der von Freudenberg beschriebene *Gigantanthropus*-Zahn
war ungefähr um ein Drittel größer als der rechte untere
Vorbackenzahn im Gebiss des Heidelberg-Menschen (*Homo
erectus heidelbergenis* bzw. *Homo heidelbergenis*) von
Mauer bei Heidelberg, der mehr als 600.000 Jahre alt ist.

In den Wirren des Zweiten Weltkrieges (1939–1945) gingen zwei im Naturhistorischen Museum Mainz deponierte mutmaßliche Menschenaffen-Zähne vom Wissberg bei Gau-Weinheim verloren. Man hatte sie zur wissenschaftlichen Untersuchung nach Berlin geschickt, wo sie nach Kriegsende nicht mehr auffindbar waren.

1949 kam in der Sandgrube Schertel auf dem Wissberg bei Gau-Weinheim erneut ein mutmaßlicher Menschenaffen-Zahn ans Tageslicht. Dieser Backenzahn wurde von dem erwähnten Paläontologen Wilhelm Freudenberg erworben und gelangte 1951 in die Primatensammlung des Arztes und Anthropologen Erhard Otto Schoch in München.

Wie erwähnt, untersuchte der Paläontologe Gustav Heinrich Ralph von Koenigswald diese zwei Menschenaffen-Backenzähne vom Wissberg aus der Primatensammlung von Schoch und veröffentlichte 1956 seine Erkenntnisse hierüber. Der größere dieser beiden Zähne, ein zweiter Backenzahn des rechten Unterkiefers, ist 10,9 Millimeter lang und 9,3 Millimeter breit. Er soll weitgehend einem Zahn des Kiefers von *Dryopithecus fontani* von Seu de Urgell bei Lérida in Spanien entsprechen. Der zweite, kleinere Zahn war schlecht identifizierbar.

Nach dem Tod von Schoch verkaufte dessen Witwe die Primatensammlung und die Bibliothek. Die Bibliothek wurde von dem Antiquariat Dr. Rudolf Habelt in Bonn in einem eigenen Katalog vermarktet. Das Münchner Universitätsinstitut für Anthropologie und Humangenetik sowie Professor von Koenigswald für das Frankfurter Forschungsinstitut Senckenberg kauften Teile der Primatensammlung.

Weil in Eppelsheim und am Wissberg bei Gau-Weinheim mehrfach Reste von Menschenartigen entdeckt wurden, hält man bei den modernen wissenschaftlichen Grabungen seit 1996 in Rheinhessen intensiv Ausschau nach weiteren

Wissenschaftliche Grabung
im Gewann „Auf dem Alzeyer Weg" bei Eppelsheim
im Sommer 2009

Luftbild der Grabungsstelle im Gewann „Auf dem Alzeyer Weg" bei Eppelsheim im Sommer 1998 während eines Fluges von Diplom-Ingenieur Ansgar Hemm, der damals in Usingen/Taunus lebte, mit einem Motorflugzeug

Luftbild der Grabungsstelle im Gewann „Auf dem Alzeyer Weg" bei Eppelsheim 1999 während eines Fluges des Paläontologen Jens Lorenz Franzen vom Forschungsinstitut Senckenberg in Frankfurt am Main mit einem Heißluftballon

solchen Fossilien. Sie können interessante Aufschlüsse über die Entwicklungsgeschichte der Menschenartigen – also auch der Menschen selbst – geben.

Autor Ernst Probst

Der Autor

Ernst Probst, geboren am 20. Januar 1946 in Neunburg vorm Wald im bayerischen Regierungsbezirk Oberpfalz, ist Journalist und Buchautor. Er arbeitete von 1968 bis 1971 als Volontär und Redakteur bei den „Nürnberger Nachrichten", von 1971 bis 1973 in der Zentralredaktion des „Ring Nordbayerischer Tageszeitungen" in Bayreuth und von 1973 bis 2001 bei der „Allgcmeinen Zeitung", Mainz. Von 2001 bis 2006 war er zunächst als Buchverleger und später auch als Fossilien- und Antiquitätenhändler aktiv.
In seiner Freizeit schrieb Ernst Probst vor allem populärwissenschaftliche Artikel für die „Frankfurter Allgemeine Zeitung", „Süddeutsche Zeitung", „Die Welt", „Frankfurter Rundschau", „Neue Zürcher Zeitung", „Tages-Anzeiger", Zürich, „Salzburger Nachrichten", „Oberösterreichische Nachrichten", Linz, „Die Zeit", „Rheinischer Merkur", „Deutsches Allgemeines Sonntagsblatt", „bild der wissenschaft","kosmos", „Deutsche Presse-Agentur" (dpa), „Associated Press" (AP) und den „Deutschen Forschungsdienst" (df).
Aus der Feder von Ernst Probst stammen zahlreiche Beiträge der Buchreihe „Geschichten, die die Forschung schreibt" sowie die Bücher „Deutschland in der Urzeit" (1986), „Deutschland in der Steinzeit" (1991), „Rekorde der Urzeit" (1992), „Dinosaurier in Deutschland" (1993 zusammen mit Raymund Windolf) und „Deutschland in der Bronzezeit"(1996). 2001 veröffentlichte Ernst Probst eine 14-bändige Taschenbuchreihe mit Biografien über berühmte Frauen („Superfrauen"). Insgesamt publizierte er mehr als 200 Bücher, Taschenbücher, Museumsführer, Broschüren und E-Books.

Literatur

ABEL, Othenio: In der Buschsteppe von Pikermi in Attika zur unteren Plioänzeit. Aus: Lebensbilder aus der Tierwelt der Vorzeit, S. 79–171, Zweite Auflage, Jena 1927
ALLGEMEINE DEUTSCHE BIOGRAPHIE: Schleiermacher, Ernst. Band 31, S. 421, München 1890
BEGUN, David R.: Phyletic Diversity and Locomotion in Primitive European Hominoids. American Journal of Physical Anthropology, 80, S. 311–340, Columbus 1992
COX, Barry / DIXON, Dougal / GARDINER, Brian / SAVAGE, R. J. G.: Dinosaurier und andere Tiere der Vorzeit, München 1989
DUBOIS, Eugène: Sur le *Pithecanthropus erectus* du Pliocène de Java. Bulletin de Société Belge de Géologie, 9, S. 151–160, Bruxelles 1895
FRANZEN, Jens L.: Auf dem Grunde des Urrheins – Ausgrabungen bei Eppelsheim. Natur und Museum, 130 (6), S. 169– 180, Frankfurt am Main 2000
FRANZEN, Jens L.: Dinotherium-Museum in Eppelsheim eröffnet. Natur und Museum, 131 (12), S. 449–450, Frankfurt am Main 2001
FRANZEN, Jens L.: Ein Paradies für Säugetiere? Das Obermiozän Mitteleuropas. Biologie unserer Zeit, 4, S. 234–242, Weinheim 2006
FRANZEN, Jens L.: Am Ufer des Urrheins. Jubiläumsfestschrift 1225 Jahre Eppelsheim 782, S. 9–12, Eppelsheim 2007
FRANZEN, Jens L. / GRUBER, Gabriele: Johann Jakob Kaup (1803–1873) – ein europäischer Naturforscher des 19. Jahrhunderts. Aus: GRUBER, Gabriele / SCHNEIDER, Wolfgang (Herausgeber): Zu Ehren von Johann Jakob Kaup

1803–1873; Kaupia, Darmstädter Beiträge zur Naturgeschichte, 13, S. 3–16, Darmstadt 2004

FRANZEN, Jens L. / KULLMER, Ottmar: New hominoids from the sands with *Deinotherium* (Late Miocene, Rheinhessen, Germany), im Druck

FRANZEN, Jens L. / ROOS, Heiner / PROBST, Ernst: Das Dinotherium-Museum, Eppelsheim 2009

FREUDENBERG, Wilhelm: Beiträge zur Natur- und Urgeschichte Westdeutschlands., Heidelberg 1938

HAUPT, Oscar: Andere Wirbeltiere des Neozoikums. Aus: SALOMON-CALVI, Wilhelm (editor): Oberrheinischer Fossilkatalog 4, S. 1–103, Berlin 1935

HELDMANN, Georg: Johann Jakob Kaup: Leben und Wirken des ersten Inspektors am Naturaliencabinet des grossherzoglichen Museums 1803–1873, Darmstadt 1955

HÜRZELER, Johannes: Contribution à l'odontologie et à la phylogenese du genre *Pliopithecus* GERVAIS. Annales de Paléontologie 40, S. 1–63, Paris 1954

KÖHLER, Meike / ALBA, David M. / MOYA SOLÀ, Salvador / MACLATCHY, Laura: Taxonomic Affinities of the Eppelsheim Femur. American Journal of Physical Anthropology 119, S. 297–304, Columbus 2002

KOENIGSWALD, Gustav Heinrich Ralph von: Gebißreste von Menschenaffen aus dem Unterpliozän Rheinhessens. Proceedings Koninklijk Nederlandse Akademie van Wetenschapen, Amsterdam 1956

KRAUSE, Rudolf: Zur Geschichte der Zoologischen Abteilung des Hessischen Landesmuseums in Darmstadt 1795–1914, S. 1–64, Darmstadt 1972

KUHN-SCHNYDER, Emil: Georges Cuvier 1769–1832. Weltenburger Akademie. Erwin-Rutte-Festschrift, S. 143–150, Kelheim/Weltenburg 1983

KURZ, Cornelia / GRUBER, Gabriele: Bestandskatalog von Typusmaterial und weiteren Originalen von Johann Jakob

Kaup in der paläontologischen Sammlung des Hessischen Landesmuseums Darmstadt. Aus: GRUBER, Gabriele / SCHNEIDER, Wolfgang (Herausgeber): Zu Ehren von Johann Jakob Kaup 1803–1873. Kaupia, Darmstädter Beiträge zur Naturgeschichte, 13, S. 31–75, Darmstadt 2004

LARTET, Édouard: Note sur un grand singe fossile qui se rattache au groupe des singes supérieurs. Comptes Rendues Academie des Sciences, 43, S. 219–223, Paris 1856

POHLIG, Hans: *Paidopithex rhenanus,* n. g. n. sp., le Singe anthropomorphe du Pliocène rhénan. Bulletin Société Belge de Géologie, 9, S. 149–151, Bruxelles 1895

PROBST, Ernst: Deutschland in der Urzeit, München 1986

PROBST, Ernst: Rekorde der Urzeit. Landschaften, Pflanzen und Tiere, München 2008

PROBST, Ernst: Der Ur-Rhein. Rheinhessen vor zehn Millionen Jahren, München 2009

PROBST, Ernst: Der Rhein-Elefant. Das „Schreckenstier von Eppelsheim, München 2010

PROBST, Ernst: Johann Jakob Kaup. Der große Naturforscher aus Darmstadt, München 2011

SCHLOSSER, Max: Die menschlichen Zähne aus dem Bohnerz der schwäbischen Alb. Zoologischer Anzeiger, Band XXIV, No. 643, Leipzig, 13. Mai 1901

SCHOCH, Erhard Otto: Fossile Menschenreste, Wittenberg Lutherstadt 1973

SOMMER, Jens: Sedimentologie, Taphonomie und Paläoökologie der miozänen Dinotheriensande von Eppelsheim/ Rheinhessen. Dissertation zur Erlangung des Doktorgrades der Naturwissenschaften, Hannover-Langenhagen 2007

STRUVE, Wolfgang: Zur Geschichte der Paläozoologischen Abteilung des Natur-Museums und Forschungs-Instituts Senckenberg. Teil 1: Von 1763 bis 1907. Sonderdruck aus

Senckenbergiana lethaea, 48, S. 23–191, Frankfurt am Main
1967
TOBIEN, Heinz: Bemerkungen zur Taphonomie der spättertiären Säugerfauna aus den Dinotheriensanden Rheinhessens. Weltenburger Akademie. Erwin-Rutte-Festschrift,
S. 191–200, Kelheim/Weltenburg 1983

Bildquellen

Bayerische Staatssammlung für Paläontologie und Geologie, München: 19
Klaus Benz, Fotograf, Mainz-Laubenheim: 48
TKnoxB, Chemainus, BC, Kanada / CC-BY2.0: 35 (via Flickr), lizensiert unter CreativeCommons-Lizenz by-2.0-de http://creativecommons.org/licenses/by/2.0/legalcode
Gemeinde Eppelsheim / Förderverein Dinotherium-Museum Eppelsheim: (Zeichnungen von Pavel Major, Prag): 13, 28
Forschungsinstitut Senckenberg, Frankfurt am Main: 25
Dr. Jens Lorenz Franzen, Titisee: 29, 45, (Zeichnung: Christine Hemm-Herkner) 8
Dipl.-Ing. Ansgar Hemm, Bad Wildungen: 44
Hessisches Landesmuseum Darmstadt: 10, 12, 14, 22 links, 22 rechts, 24
Library and Documentation Service Muséum de Toulouse: 16
Ernst Probst, Mainz-Kostheim: 43, 58, 62
Reproduktionen aus: ABEL, Othenio: Lebensbilder aus der Tierwelt der Vorzeit. Zweite erweiterte Auflage, Wien 1927: 38, 39
Reproduktion aus: PROBST, Ernst: Deutschland in der Urzeit, München 1991: (Gemälde von Fritz Wendler) 40
Reproduktion eines Gemäldes um 1835 eines unbekannten Malers: 17
Reproduktion einer Fotografie: 18
Reproduktion einer Zeichnung: 31
Reproduktion eines Kupferstiches von James Thomson (1789–1850), Portrait Prints of Men and Women of Science and Technology in the Dibner Library: 15

Thomas Lersch / CC-BY-SA3.0: 36 (via Wikimedia
Commons), lizensiert unter CreativeCommons-Lizenz by-
sa-3.0-de
http://creativecommons.org/licenses/by-sa/3.0/legalcode
Guérin Nicolas / CC-BY-SA3.0: 33 oben (via Wikimedia
Commons), lizensiert unter CreativeCommons-Lizenz by-
sa-3.0-de
http://creativecommons.org/licenses/by-sa/3.0/legalcode
Matthias Trautsch / CC-BY-SA3.0: 26 unten (via
Wikimedia Commons), lizensiert unter CreativeCommons-
Lizenz by-sa-3.0-de
http://creativecommons.org/licenses/by-sa/3.0/legalcode
Mateus Zica / CC-BY-SA3.0 (Zeichnung vom Oktober
2005): 33 unten (via Wikimedia Commons), lizensiert unter
CreativeCommons-Lizenz by-sa-3.0-de
http://creativecommons.org/licenses/by-sa/3.0/legalcode
User 120 / CC-BY-SA3.0: 26 oben, 30 (via Wikimedia
Commons), lizensiert unter CreativeCommons-Lizenz by-
sa-3.0-de
http://creativecommons.org/licenses/by-sa/3.0/legalcode

Coverbild:
Porträt: Ölgemälde von Joseph Hartmann (1866)
Zeichnung aus: Atlas Dinotherii gigantei (1836) von
August von Klipstein und Johann Jakob Kaup

Bücher von Ernst Probst

Rekorde der Urzeit. Landschaften,
Pflanzen und Tiere

Rekorde der Urmenschen. Erfindungen,
Kunst und Religion

Archaeopteryx. Der Urvogel aus Bayern

Dinosaurier in Deutschland. Von Compsognathus
bis zu Stenopelix

Dinosaurier in Baden-Württemberg. Von Efraasia
bis zu Sellosaurus

Dinosaurier in Niedersachsen. Von Elephantopoides
bis zu Stenopelix

Dinosaurier von A bis K. Von Abelisaurus
bis zu Kritosaurus

Dinosaurier von L bis Z. Von Labocania
bis zu Zupaysaurus

Raub-Dinosaurier von A bis Z

Der Ur-Rhein. Rheinhessen vor zehn Millionen Jahren

Der Rhein-Elefant. Das „Schreckenstier" von Eppelsheim

Krallentiere am Ur-Rhein. Die Forschungsgeschichte
von Chalicotherium goldfussi

Säbelzahntiger am Ur-Rhein. Machairodus
und Paramachairodus

Johann Jakob Kaup. Der große Naturforscher
aus Darmstadt

Deutschland im Eiszeitalter
Höhlenlöwen. Raubkatzen im Eiszeitalter

Der Mosbacher Löwe. Die riesige Raubkatze
aus Wiesbaden

Säbelzahnkatzen. Von Machairodus bis zu Smilodon

Der Höhlenbär

Monstern auf der Spur. Wie die Sagen
über Drachen, Riesen und Einhörner entstanden

Affenmenschen. Von Bigfoot
bis zum Yeti

Seeungeheuer. Von Nessie
bis zum Zuiyo-maru-Monster

Bestellungen bei www.grin.com